Collection sequence

Collection sequence

List of the first 1205 collections

Jesse Sakari Hyttinen

Copyright © 2024 Jesse Sakari Hyttinen

Independently published

ISBN: 9798323139156

For my mother, father and big sister

Contents

Preface 8

Introduction 8

1. Collection 9

2. List of the first 1205 collections 10

Preface

Due to the possible future needs of those working in collection algebra, this book was written as a quick reference material for sum form equations containing collections of index sizes up to 1205. The choosing of the number 1205 is by no accident: the list contains exactly all the distinct collections of sizes 0,1, 2,…,9.

Introduction

This work is a supplementary material for the book *Collection algebra: The formal theory of rooted tree generation and its extension to sum form equations* by the same author. The main content is a list of the first 1205 collections and is intended to be an aid in solving sum form equations.

1. Collection

Any rooted tree can be represented as a sum form s_i. A sum form s_i is an algebraic object satisfying the following pairwise relation:

$$s_i = \begin{cases} 1^o + \Sigma_i & \text{if } i \geq 1 \text{ is an integer,} \\ \varepsilon & \text{if } i = 0 \end{cases}$$

Collection Σ_i is an arbitrary sum of subtrees, unique for every distinct rooted tree. The integer index $i \geq 1$ specifies the collection's location in the collection sequence

$$e_\Sigma = (\Sigma_1, \Sigma_2, \Sigma_3, \ldots) = (0^-, 1^-, 1^- \cdot 2, \ldots)$$

, the infinite sequence of all the distinct collections. The order is specified by the iterative application of the rooted trees partitions relation (see the book *Collection algebra* for reference).

The collection Σ_i can also be defined in an alternative way:

$$\Sigma_i = (0^-)^{i-1} \text{ , } i \geq 1 \text{ is an integer}$$

, where $(0^-)^{i-1}$ is shorthand for $S_+^{i-1} 0^-$, 0^- is the empty subtree and S_+^k is an order k successor operator, $k \geq 0$ is an integer.

2. List of the first 1205 collections

i Σ_i Notes

1 0^- $R_1 = 1$, The empty subtree, the identity element of collection addition and the first collection in the collection sequence

2 1^- $R_2 = 2$, A leaf, the 1st pure path

3 $1^- \cdot 2$

4 2^- $R_3 = 4$, The 2nd pure path

5 $1^- \cdot 3$

6 $2^- + 1^-$

7 3^x The 1st pure intersection

8 3^- $R_4 = 8$, The 3rd pure path

9 $1^- \cdot 4$

10 $2^- + 1^- \cdot 2$

11 $2^- \cdot 2$

12 $3^x + 1^-$

13 $3^- + 1^-$

14 4^x The 2nd pure intersection

15 4^L

16 4^Y

17 4^- $R_5 = 17$, The 4th pure path

18 $1^- \cdot 5$

19 $2^- + 1^- \cdot 3$

20 $2^- \cdot 2 + 1^-$

21 $3^x + 1^- \cdot 2$

22 $3^- + 1^- \cdot 2$

23 $3^x + 2^-$

24 $3^- + 2^-$

25 $4^x + 1^-$

26 $4^L + 1^-$

27 $4^Y + 1^-$

28 $4^- + 1^-$

29 5^x The 3rd pure intersection

30 5^L

31 5^{2L}

32 $(1^* + 3^x + 1^-)$

33 $(1^* + 3^- + 1^-)$

34 5^{4Y}

35 $(1^* + 4^L)$

36 5^Y

37 5^- $R_6 = 37$, The 5th pure path

38 $1^- \cdot 6$

39 $2^- + 1^- \cdot 4$

40 $2^- \cdot 2 + 1^- \cdot 2$

41 $2^- \cdot 3$

42 $3^x + 1^- \cdot 3$

43 $3^- + 1^- \cdot 3$

44 $3^x + 2^- + 1^-$

45 $3^- + 2^- + 1^-$

46 $3^x \cdot 2$

47 $3^- + 3^x$

48 $3^- \cdot 2$

49 $4^x + 1^- \cdot 2$

50 $4^L + 1^- \cdot 2$

51 $4^Y + 1^- \cdot 2$

52 $4^- + 1^- \cdot 2$

53 $4^x + 2^-$

54 $4^L + 2^-$

55 $4^Y + 2^-$

56 $4^- + 2^-$

57 $5^x + 1^-$

58 $5^L + 1^-$

59 $5^{2L} + 1^-$

60 $(1^* + 3^x + 1^-) + 1^-$

61 $(1^* + 3^- + 1^-) + 1^-$

62 $5^{4Y} + 1^-$

63 $(1^* + 4^L) + 1^-$

64 $5^Y + 1^-$

65 $5^- + 1^-$

66 6^x The 4th pure intersection

67 6^L

68 6^{2L}

69 $(1^* + 3^x + 1^- \cdot 2)$

70 $(1^* + 3^- + 1^- \cdot 2)$

71 $(1^* + 3^x + 2^-)$

72 $(1^* + 3^- + 2^-)$

73 $(1^* + 4^x + 1^-)$

74 $(1^* + 4^L + 1^-)$

75 $(1^* + 4^Y + 1^-)$

76 $(1^* + 4^- + 1^-)$

77 6^{5Y}

78 $(1^* + 5^L)$

79 $(1^* + 5^{2L})$

80 $(1^* \cdot 2 + 3^x + 1^-)$

81 $(1^* \cdot 2 + 3^- + 1^-)$

82 6^{4Y}

83 $(1^* \cdot 2 + 4^L)$

84 6^Y

85 $6^- \ R_7 = 85$, The 6th pure path

86 $1^- \cdot 7$

87 $2^- + 1^- \cdot 5$

88 $2^- \cdot 2 + 1^- \cdot 3$

89 $2^- \cdot 3 + 1^-$

90 $3^x + 1^- \cdot 4$

91 $3^- + 1^- \cdot 4$

92 $3^x + 2^- + 1^- \cdot 2$

93 $3^- + 2^- + 1^- \cdot 2$

94 $3^x + 2^- \cdot 2$

95 $3^- + 2^- \cdot 2$

96 $3^x \cdot 2 + 1^-$

97 $3^- + 3^x + 1^-$

98 $3^- \cdot 2 + 1^-$

99 $4^x + 1^- \cdot 3$

100 $4^L + 1^- \cdot 3$

101 $4^Y + 1^- \cdot 3$

102 $4^- + 1^- \cdot 3$

103 $4^x + 2^- + 1^-$

104 $4^L + 2^- + 1^-$

105 $4^Y + 2^- + 1^-$

106 $4^- + 2^- + 1^-$

107 $4^x + 3^x$

108 $4^L + 3^x$

109 $4^Y + 3^x$

110 $4^- + 3^x$

111 $4^x + 3^-$

112 $4^L + 3^-$

113 $4^Y + 3^-$

114 $4^- + 3^-$

115 $5^x + 1^- \cdot 2$

116 $5^L + 1^- \cdot 2$

117 $5^{2L} + 1^- \cdot 2$

118 $(1^* + 3^x + 1^-) + 1^- \cdot 2$

119 $(1^* + 3^- + 1^-) + 1^- \cdot 2$

120 $5^{4Y} + 1^- \cdot 2$

121 $(1^* + 4^L) + 1^- \cdot 2$

122 $5^Y + 1^- \cdot 2$

123 $5^- + 1^- \cdot 2$

124 $5^x + 2^-$

125 $5^L + 2^-$

126 $5^{2L} + 2^-$

127 $(1^* + 3^x + 1^-) + 2^-$

128 $(1^* + 3^- + 1^-) + 2^-$

129 $5^{4Y} + 2^-$

130 $(1^* + 4^L) + 2^-$

131 $5^Y + 2^-$

132 $5^- + 2^-$

133 $6^x + 1^-$

134 $6^L + 1^-$

135 $6^{2L} + 1^-$

136 $(1^* + 3^x + 1^- \cdot 2) + 1^-$

137 $(1^* + 3^- + 1^- \cdot 2) + 1^-$

138 $(1^* + 3^x + 2^-) + 1^-$

139 $(1^* + 3^- + 2^-) + 1^-$

140 $(1^* + 4^x + 1^-) + 1^-$

141 $(1^* + 4^L + 1^-) + 1^-$

142 $(1^* + 4^Y + 1^-) + 1^-$

143 $(1^* + 4^- + 1^-) + 1^-$

144 $6^{5Y} + 1^-$

145 $(1^* + 5^L) + 1^-$

146 $(1^* + 5^{2L}) + 1^-$

147 $(1^* \cdot 2 + 3^x + 1^-) + 1^-$

148 $(1^* \cdot 2 + 3^- + 1^-) + 1^-$

149 $6^{4Y} + 1^-$

150 $(1^* \cdot 2 + 4^L) + 1^-$

151 $6^Y + 1^-$

152 $6^- + 1^-$

153 7^x The 5th pure intersection

154 7^L

155 7^{2L}

156 7^{3L}

157 $(1^* + 3^x + 1^- \cdot 3)$

158 $(1^* + 3^- + 1^- \cdot 3)$

159 $(1^* + 3^x + 2^- + 1^-)$

160 $(1^* + 3^- + 2^- + 1^-)$

161 $(1^* + 3^x \cdot 2)$

162 $(1^* + 3^- + 3^x)$

163 $(1^* + 3^- \cdot 2)$

164 $(1^* + 4^x + 1^- \cdot 2)$

165 $(1^* + 4^L + 1^- \cdot 2)$

166 $(1^* + 4^Y + 1^- \cdot 2)$

167 $(1^* + 4^- + 1^- \cdot 2)$

168 $(1^* + 4^x + 2^-)$

169 $(1^* + 4^L + 2^-)$

170 $(1^* + 4^Y + 2^-)$

171 $(1^* + 4^- + 2^-)$

172 $(1^* + 5^x + 1^-)$

173 $(1^* + 5^L + 1^-)$

174 $(1^* + 5^{2L} + 1^-)$

175 $(1^* + (1^* + 3^x + 1^-) + 1^-)$

176 $(1^* + (1^* + 3^- + 1^-) + 1^-)$

177 $(1^* + 5^{4Y} + 1^-)$

178 $(1^* + (1^* + 4^L) + 1^-)$

179 $(1^* + 5^Y + 1^-)$

180 $(1^* + 5^- + 1^-)$

181 7^{6Y}

182 $(1^* + 6^L)$

183 $(1^* + 6^{2L})$

184 $(1^* \cdot 2 + 3^x + 1^- \cdot 2)$

185 $(1^* \cdot 2 + 3^- + 1^- \cdot 2)$

186 $(1^* \cdot 2 + 3^x + 2^-)$

187 $(1^* \cdot 2 + 3^- + 2^-)$

188 $(1^* \cdot 2 + 4^x + 1^-)$

189 $(1^* \cdot 2 + 4^L + 1^-)$

190 $(1^* \cdot 2 + 4^Y + 1^-)$

191 $(1^* \cdot 2 + 4^- + 1^-)$

192 7^{5Y}

193 $(1^* \cdot 2 + 5^L)$

194 $(1^* \cdot 2 + 5^{2L})$

195 $(1^* \cdot 3 + 3^x + 1^-)$

196 $(1^* \cdot 3 + 3^- + 1^-)$

197 7^{4Y}

198 $(1^* \cdot 3 + 4^L)$

199 7^Y

200 7^- $R_8 = 200$, The 7th pure path

201 $1^- \cdot 8$

202 $2^- + 1^- \cdot 6$

203 $2^- \cdot 2 + 1^- \cdot 4$

204 $2^- \cdot 3 + 1^- \cdot 2$

205 $2^- \cdot 4$

206 $3^x + 1^- \cdot 5$

207 $3^- + 1^- \cdot 5$

208 $3^x + 2^- + 1^- \cdot 3$

209 $3^- + 2^- + 1^- \cdot 3$

210 $3^x + 2^- \cdot 2 + 1^-$

211 $3^- + 2^- \cdot 2 + 1^-$

212 $3^x \cdot 2 + 1^- \cdot 2$

213 $3^- + 3^x + 1^- \cdot 2$

214 $3^- \cdot 2 + 1^- \cdot 2$

215 $3^x \cdot 2 + 2^-$

216 $3^- + 3^x + 2^-$

217 $3^- \cdot 2 + 2^-$

218 $4^x + 1^- \cdot 4$

219 $4^L + 1^- \cdot 4$

220 $4^Y + 1^- \cdot 4$

221 $4^- + 1^- \cdot 4$

222 $4^x + 2^- + 1^- \cdot 2$

223 $4^L + 2^- + 1^- \cdot 2$

224 $4^Y + 2^- + 1^- \cdot 2$

225 $4^- + 2^- + 1^- \cdot 2$

226 $4^x + 2^- \cdot 2$

227 $4^L + 2^- \cdot 2$

228 $4^Y + 2^- \cdot 2$

229 $4^- + 2^- \cdot 2$

230 $4^x + 3^x + 1^-$

231 $4^L + 3^x + 1^-$

232 $4^Y + 3^x + 1^-$

233 $4^- + 3^x + 1^-$

234 $4^x + 3^- + 1^-$

235 $4^L + 3^- + 1^-$

236 $4^Y + 3^- + 1^-$

237 $4^- + 3^- + 1^-$

238 $4^x \cdot 2$

239 $4^L + 4^x$

240 $4^Y + 4^x$

241 $4^- + 4^x$

242 $4^L \cdot 2$

243 $4^Y + 4^L$

244 $4^- + 4^L$

245 $4^Y \cdot 2$

246 $4^- + 4^Y$

247 $4^- \cdot 2$

248 $5^x + 1^- \cdot 3$

249 $5^L + 1^- \cdot 3$

250 $5^{2L} + 1^- \cdot 3$

251 $(1^* + 3^x + 1^-) + 1^- \cdot 3$

252 $(1^* + 3^- + 1^-) + 1^- \cdot 3$

253 $5^{4Y} + 1^- \cdot 3$

254 $(1^* + 4^L) + 1^- \cdot 3$

255 $5^Y + 1^- \cdot 3$

256 $5^- + 1^- \cdot 3$

257 $5^x + 2^- + 1^-$

258 $5^L + 2^- + 1^-$

259 $5^{2L} + 2^- + 1^-$

260 $(1^* + 3^x + 1^-) + 2^- + 1^-$

261 $(1^* + 3^- + 1^-) + 2^- + 1^-$

262 $5^{4Y} + 2^- + 1^-$

263 $(1^* + 4^L) + 2^- + 1^-$

264 $5^Y + 2^- + 1^-$

265 $5^- + 2^- + 1^-$

266 $5^x + 3^x$

267 $5^L + 3^x$

268 $5^{2L} + 3^x$

269 $(1^* + 3^x + 1^-) + 3^x$

270 $(1^* + 3^- + 1^-) + 3^x$

271 $5^{4Y} + 3^x$

272 $(1^* + 4^L) + 3^x$

273 $5^Y + 3^x$

274 $5^- + 3^x$

275 $5^x + 3^-$

276 $5^L + 3^-$

277 $5^{2L} + 3^-$

278 $(1^* + 3^x + 1^-) + 3^-$

279 $(1^* + 3^- + 1^-) + 3^-$

280 $5^{4Y} + 3^-$

281 $(1^* + 4^L) + 3^-$

282 $5^Y + 3^-$

283 $5^- + 3^-$

284 $6^x + 1^- \cdot 2$

285 $6^L + 1^- \cdot 2$

286 $6^{2L} + 1^- \cdot 2$

287 $(1^* + 3^x + 1^- \cdot 2) + 1^- \cdot 2$

288 $(1^* + 3^- + 1^- \cdot 2) + 1^- \cdot 2$

289 $(1^* + 3^x + 2^-) + 1^- \cdot 2$

290 $(1^* + 3^- + 2^-) + 1^- \cdot 2$

291 $(1^* + 4^x + 1^-) + 1^- \cdot 2$

292 $(1^* + 4^L + 1^-) + 1^- \cdot 2$

293 $(1^* + 4^Y + 1^-) + 1^- \cdot 2$

294 $(1^* + 4^- + 1^-) + 1^- \cdot 2$

295 $6^{5Y} + 1^- \cdot 2$

296 $(1^* + 5^L) + 1^- \cdot 2$

297 $(1^* + 5^{2L}) + 1^- \cdot 2$

298 $(1^* \cdot 2 + 3^x + 1^-) + 1^- \cdot 2$

299 $(1^* \cdot 2 + 3^- + 1^-) + 1^- \cdot 2$

300 $6^{4Y} + 1^- \cdot 2$

301 $(1^* \cdot 2 + 4^L) + 1^- \cdot 2$

302 $6^Y + 1^- \cdot 2$

303 $6^- + 1^- \cdot 2$

304 $6^x + 2^-$

305 $6^L + 2^-$

306 $6^{2L} + 2^-$

307 $(1^* + 3^x + 1^- \cdot 2) + 2^-$

308 $(1^* + 3^- + 1^- \cdot 2) + 2^-$

309 $(1^* + 3^x + 2^-) + 2^-$

310 $(1^* + 3^- + 2^-) + 2^-$

311 $(1^* + 4^x + 1^-) + 2^-$

312 $(1^* + 4^L + 1^-) + 2^-$

313 $(1^* + 4^Y + 1^-) + 2^-$

314 $(1^* + 4^- + 1^-) + 2^-$

315 $6^{5Y} + 2^-$

316 $(1^* + 5^L) + 2^-$

317 $(1^* + 5^{2L}) + 2^-$

318 $(1^* \cdot 2 + 3^x + 1^-) + 2^-$

319 $(1^* \cdot 2 + 3^- + 1^-) + 2^-$

320 $6^{4Y} + 2^-$

321 $(1^* \cdot 2 + 4^L) + 2^-$

322 $6^Y + 2^-$

323 $6^- + 2^-$

324 $7^x + 1^-$

325 $7^L + 1^-$

326 $7^{2L} + 1^-$

327 $7^{3L} + 1^-$

328 $(1^* + 3^x + 1^- \cdot 3) + 1^-$

329 $(1^* + 3^- + 1^- \cdot 3) + 1^-$

330 $(1^* + 3^x + 2^- + 1^-) + 1^-$

331 $(1^* + 3^- + 2^- + 1^-) + 1^-$

332 $(1^* + 3^x \cdot 2) + 1^-$

333 $(1^* + 3^- + 3^x) + 1^-$

334 $(1^* + 3^- \cdot 2) + 1^-$

335 $(1^* + 4^x + 1^- \cdot 2) + 1^-$

336 $(1^* + 4^L + 1^- \cdot 2) + 1^-$

337 $(1^* + 4^Y + 1^- \cdot 2) + 1^-$

338 $(1^* + 4^- + 1^- \cdot 2) + 1^-$

339 $(1^* + 4^x + 2^-) + 1^-$

340 $(1^* + 4^L + 2^-) + 1^-$

341 $(1^* + 4^Y + 2^-) + 1^-$

342 $(1^* + 4^- + 2^-) + 1^-$

343 $(1^* + 5^x + 1^-) + 1^-$

344 $(1^* + 5^L + 1^-) + 1^-$

345 $(1^* + 5^{2L} + 1^-) + 1^-$

346 $(1^* + (1^* + 3^x + 1^-) + 1^-) + 1^-$

347 $(1^* + (1^* + 3^- + 1^-) + 1^-) + 1^-$

348 $(1^* + 5^{4Y} + 1^-) + 1^-$

349 $(1^* + (1^* + 4^L) + 1^-) + 1^-$

350 $(1^* + 5^Y + 1^-) + 1^-$

351 $(1^* + 5^- + 1^-) + 1^-$

352 $7^{6Y} + 1^-$

353 $(1^* + 6^L) + 1^-$

354 $(1^* + 6^{2L}) + 1^-$

355 $(1^* \cdot 2 + 3^x + 1^- \cdot 2) + 1^-$

356 $(1^* \cdot 2 + 3^- + 1^- \cdot 2) + 1^-$

357 $(1^* \cdot 2 + 3^x + 2^-) + 1^-$

358 $(1^* \cdot 2 + 3^- + 2^-) + 1^-$

359 $(1^* \cdot 2 + 4^x + 1^-) + 1^-$

360 $(1^* \cdot 2 + 4^L + 1^-) + 1^-$

361 $(1^* \cdot 2 + 4^Y + 1^-) + 1^-$

362 $(1^* \cdot 2 + 4^- + 1^-) + 1^-$

363 $7^{5Y} + 1^-$

364 $(1^* \cdot 2 + 5^L) + 1^-$

365 $(1^* \cdot 2 + 5^{2L}) + 1^-$

366 $(1^* \cdot 3 + 3^x + 1^-) + 1^-$

367 $(1^* \cdot 3 + 3^- + 1^-) + 1^-$

368 $7^{4Y} + 1^-$

369 $(1^* \cdot 3 + 4^L) + 1^-$

370 $7^Y + 1^-$

371 $7^- + 1^-$

372 8^x The 6th pure intersection

373 8^L

374 8^{2L}

375 8^{3L}

376 $(1^* + 3^x + 1^- \cdot 4)$

377 $(1^* + 3^- + 1^- \cdot 4)$

378 $(1^* + 3^x + 2^- + 1^- \cdot 2)$

379 $(1^* + 3^- + 2^- + 1^- \cdot 2)$

380 $(1^* + 3^x + 2^- \cdot 2)$

381 $(1^* + 3^- + 2^- \cdot 2)$

382 $(1^* + 3^x \cdot 2 + 1^-)$

383 $(1^* + 3^- + 3^x + 1^-)$

384 $(1^* + 3^- \cdot 2 + 1^-)$

385 $(1^* + 4^x + 1^- \cdot 3)$

386 $(1^* + 4^L + 1^- \cdot 3)$

387 $(1^* + 4^Y + 1^- \cdot 3)$

388 $(1^* + 4^- + 1^- \cdot 3)$

389 $(1^* + 4^x + 2^- + 1^-)$

390 $(1^* + 4^L + 2^- + 1^-)$

391 $(1^* + 4^Y + 2^- + 1^-)$

392 $(1^* + 4^- + 2^- + 1^-)$

393 $(1^* + 4^x + 3^x)$

394 $(1^* + 4^L + 3^x)$

395 $(1^* + 4^Y + 3^x)$

396 $(1^* + 4^- + 3^x)$

397 $(1^* + 4^x + 3^-)$

398 $(1^* + 4^L + 3^-)$

399 $(1^* + 4^Y + 3^-)$

400 $(1^* + 4^- + 3^-)$

401 $(1^* + 5^x + 1^- \cdot 2)$

402 $(1^* + 5^L + 1^- \cdot 2)$

403 $(1^* + 5^{2L} + 1^- \cdot 2)$

404 $(1^* + (1^* + 3^x + 1^-) + 1^- \cdot 2)$

405 $(1^* + (1^* + 3^- + 1^-) + 1^- \cdot 2)$

406 $(1^* + 5^{4Y} + 1^- \cdot 2)$

407 $(1^* + (1^* + 4^L) + 1^- \cdot 2)$

408 $(1^* + 5^Y + 1^- \cdot 2)$

409 $(1^* + 5^- + 1^- \cdot 2)$

410 $(1^* + 5^x + 2^-)$

411 $(1^* + 5^L + 2^-)$

412 $(1^* + 5^{2L} + 2^-)$

413 $(1^* + (1^* + 3^x + 1^-) + 2^-)$

414 $(1^* + (1^* + 3^- + 1^-) + 2^-)$

415 $(1^* + 5^{4Y} + 2^-)$

416 $(1^* + (1^* + 4^L) + 2^-)$

417 $(1^* + 5^Y + 2^-)$

418 $(1^* + 5^- + 2^-)$

419 $(1^* + 6^x + 1^-)$

420 $(1^* + 6^L + 1^-)$

421 $(1^* + 6^{2L} + 1^-)$

422 $(1^* + (1^* + 3^x + 1^- \cdot 2) + 1^-)$

423 $(1^* + (1^* + 3^- + 1^- \cdot 2) + 1^-)$

424 $(1^* + (1^* + 3^x + 2^-) + 1^-)$

425 $(1^* + (1^* + 3^- + 2^-) + 1^-)$

426 $(1^* + (1^* + 4^x + 1^-) + 1^-)$

427 $(1^* + (1^* + 4^L + 1^-) + 1^-)$

428 $(1^* + (1^* + 4^Y + 1^-) + 1^-)$

429 $(1^* + (1^* + 4^- + 1^-) + 1^-)$

430 $(1^* + 6^{5Y} + 1^-)$

431 $(1^* + (1^* + 5^L) + 1^-)$

432 $(1^* + (1^* + 5^{2L}) + 1^-)$

433 $(1^* + (1^* \cdot 2 + 3^x + 1^-) + 1^-)$

434 $(1^* + (1^* \cdot 2 + 3^- + 1^-) + 1^-)$

435 $(1^* + 6^{4Y} + 1^-)$

436 $(1^* + (1^* \cdot 2 + 4^L) + 1^-)$

437 $(1^* + 6^Y + 1^-)$

438 $(1^* + 6^- + 1^-)$

439 8^{7Y}

440 $(1^* + 7^L)$

441 $(1^* + 7^{2L})$

442 $(1^* + 7^{3L})$

443 $(1^* \cdot 2 + 3^x + 1^- \cdot 3)$

444 $(1^* \cdot 2 + 3^- + 1^- \cdot 3)$

445 $(1^* \cdot 2 + 3^x + 2^- + 1^-)$

446 $(1^* \cdot 2 + 3^- + 2^- + 1^-)$

447 $(1^* \cdot 2 + 3^x \cdot 2)$

448 $(1^* \cdot 2 + 3^- + 3^x)$

449 $(1^* \cdot 2 + 3^- \cdot 2)$

450 $(1^* \cdot 2 + 4^x + 1^- \cdot 2)$

451 $(1^* \cdot 2 + 4^L + 1^- \cdot 2)$

452 $(1^* \cdot 2 + 4^Y + 1^- \cdot 2)$

453 $(1^* \cdot 2 + 4^- + 1^- \cdot 2)$

454 $(1^* \cdot 2 + 4^x + 2^-)$

455 $(1^* \cdot 2 + 4^L + 2^-)$

456 $(1^* \cdot 2 + 4^Y + 2^-)$

457 $(1^* \cdot 2 + 4^- + 2^-)$

458 $(1^* \cdot 2 + 5^x + 1^-)$

459 $(1^* \cdot 2 + 5^L + 1^-)$

460 $(1^* \cdot 2 + 5^{2L} + 1^-)$

461 $(1^* \cdot 2 + (1^* + 3^x + 1^-) + 1^-)$

462 $(1^* \cdot 2 + (1^* + 3^- + 1^-) + 1^-)$

463 $(1^* \cdot 2 + 5^{4Y} + 1^-)$

464 $(1^* \cdot 2 + (1^* + 4^L) + 1^-)$

465 $(1^* \cdot 2 + 5^Y + 1^-)$

466 $(1^* \cdot 2 + 5^- + 1^-)$

467 8^{6Y}

468 $(1^* \cdot 2 + 6^L)$

469 $(1^* \cdot 2 + 6^{2L})$

470 $(1^* \cdot 3 + 3^x + 1^- \cdot 2)$

471 $(1^* \cdot 3 + 3^- + 1^- \cdot 2)$

472 $(1^* \cdot 3 + 3^x + 2^-)$

473 $(1^* \cdot 3 + 3^- + 2^-)$

474 $(1^* \cdot 3 + 4^x + 1^-)$

475 $(1^* \cdot 3 + 4^L + 1^-)$

476 $(1^* \cdot 3 + 4^Y + 1^-)$

477 $(1^* \cdot 3 + 4^- + 1^-)$

478 8^{5Y}

479 $(1^* \cdot 3 + 5^L)$

480 $(1^* \cdot 3 + 5^{2L})$

481 $(1^* \cdot 4 + 3^x + 1^-)$

482 $(1^* \cdot 4 + 3^- + 1^-)$

483 8^{4Y}

484 $(1^* \cdot 4 + 4^L)$

485 8^Y

486 8^- $R_9 = 486$, The 8th pure path

487 $1^- \cdot 9$

488 $2^- + 1^- \cdot 7$

489 $2^- \cdot 2 + 1^- \cdot 5$

490 $2^- \cdot 3 + 1^- \cdot 3$

491 $2^- \cdot 4 + 1^-$

492 $3^x + 1^- \cdot 6$

493 $3^- + 1^- \cdot 6$

494 $3^x + 2^- + 1^- \cdot 4$

495 $3^- + 2^- + 1^- \cdot 4$

496 $3^x + 2^- \cdot 2 + 1^- \cdot 2$

497 $3^- + 2^- \cdot 2 + 1^- \cdot 2$

498 $3^x + 2^- \cdot 3$

499 $3^- + 2^- \cdot 3$

500 $3^x \cdot 2 + 1^- \cdot 3$

501 $3^- + 3^x + 1^- \cdot 3$

502 $3^- \cdot 2 + 1^- \cdot 3$

503 $3^x \cdot 2 + 2^- + 1^-$

504 $3^- + 3^x + 2^- + 1^-$

505 $3^- \cdot 2 + 2^- + 1^-$

506 $3^x \cdot 3$

507 $3^- + 3^x \cdot 2$

508 $3^- \cdot 2 + 3^x$

509 $3^- \cdot 3$

510 $4^x + 1^- \cdot 5$

511 $4^L + 1^- \cdot 5$

512 $4^Y + 1^- \cdot 5$

513 $4^- + 1^- \cdot 5$

514 $4^x + 2^- + 1^- \cdot 3$

515 $4^L + 2^- + 1^- \cdot 3$

516 $4^Y + 2^- + 1^- \cdot 3$

517 $4^- + 2^- + 1^- \cdot 3$

518 $4^x + 2^- \cdot 2 + 1^-$

519 $4^L + 2^- \cdot 2 + 1^-$

520 $4^Y + 2^- \cdot 2 + 1^-$

521 $4^- + 2^- \cdot 2 + 1^-$

522 $4^x + 3^x + 1^- \cdot 2$

523 $4^L + 3^x + 1^- \cdot 2$

524 $4^Y + 3^x + 1^- \cdot 2$

525 $4^- + 3^x + 1^- \cdot 2$

526 $4^x + 3^- + 1^- \cdot 2$

527 $4^L + 3^- + 1^- \cdot 2$

528 $4^Y + 3^- + 1^- \cdot 2$

529 $4^- + 3^- + 1^- \cdot 2$

530 $4^x + 3^x + 2^-$

531 $4^L + 3^x + 2^-$

532 $4^Y + 3^x + 2^-$

533 $4^- + 3^x + 2^-$

534 $4^x + 3^- + 2^-$

535 $4^L + 3^- + 2^-$

536 $4^Y + 3^- + 2^-$

537 $4^- + 3^- + 2^-$

538 $4^x \cdot 2 + 1^-$

539 $4^L + 4^x + 1^-$

540 $4^Y + 4^x + 1^-$

541 $4^- + 4^x + 1^-$

542 $4^L \cdot 2 + 1^-$

543 $4^Y + 4^L + 1^-$

544 $4^- + 4^L + 1^-$

545 $4^Y \cdot 2 + 1^-$

546 $4^- + 4^Y + 1^-$

547 $4^- \cdot 2 + 1^-$

548 $5^x + 1^- \cdot 4$

549 $5^L + 1^- \cdot 4$

550 $5^{2L} + 1^- \cdot 4$

551 $(1^* + 3^x + 1^-) + 1^- \cdot 4$

552 $(1^* + 3^- + 1^-) + 1^- \cdot 4$

553 $5^{4Y} + 1^- \cdot 4$

554 $(1^* + 4^L) + 1^- \cdot 4$

555 $5^Y + 1^- \cdot 4$

556 $5^- + 1^- \cdot 4$

557 $5^x + 2^- + 1^- \cdot 2$

558 $5^L + 2^- + 1^- \cdot 2$

559 $5^{2L} + 2^- + 1^- \cdot 2$

560 $(1^* + 3^x + 1^-) + 2^- + 1^- \cdot 2$

561 $(1^* + 3^- + 1^-) + 2^- + 1^- \cdot 2$

562 $5^{4Y} + 2^- + 1^- \cdot 2$

563 $(1^* + 4^L) + 2^- + 1^- \cdot 2$

564 $5^Y + 2^- + 1^- \cdot 2$

565 $5^- + 2^- + 1^- \cdot 2$

566 $5^x + 2^- \cdot 2$

567 $5^L + 2^- \cdot 2$

568 $5^{2L} + 2^- \cdot 2$

569 $(1^* + 3^x + 1^-) + 2^- \cdot 2$

570 $(1^* + 3^- + 1^-) + 2^- \cdot 2$

571 $5^{4Y} + 2^- \cdot 2$

572 $(1^* + 4^L) + 2^- \cdot 2$

573 $5^Y + 2^- \cdot 2$

574 $5^- + 2^- \cdot 2$

575 $5^x + 3^x + 1^-$

576 $5^L + 3^x + 1^-$

577 $5^{2L} + 3^x + 1^-$

578 $(1^* + 3^x + 1^-) + 3^x + 1^-$

579 $(1^* + 3^- + 1^-) + 3^x + 1^-$

580 $5^{4Y} + 3^x + 1^-$

581 $(1^* + 4^L) + 3^x + 1^-$

582 $5^Y + 3^x + 1^-$

583 $5^- + 3^x + 1^-$

584 $5^x + 3^- + 1^-$

585 $5^L + 3^- + 1^-$

586 $5^{2L} + 3^- + 1^-$

587 $(1^* + 3^x + 1^-) + 3^- + 1^-$

588 $(1^* + 3^- + 1^-) + 3^- + 1^-$

589 $5^{4Y} + 3^- + 1^-$

590 $(1^* + 4^L) + 3^- + 1^-$

591 $5^Y + 3^- + 1^-$

592 $5^- + 3^- + 1^-$

593 $5^x + 4^x$

594 $5^L + 4^x$

595 $5^{2L} + 4^x$

596 $(1^* + 3^x + 1^-) + 4^x$

597 $(1^* + 3^- + 1^-) + 4^x$

598 $5^{4Y} + 4^x$

599 $(1^* + 4^L) + 4^x$

600 $5^Y + 4^x$

601 $5^- + 4^x$

602 $5^x + 4^L$

603 $5^L + 4^L$

604 $5^{2L} + 4^L$

605 $(1^* + 3^x + 1^-) + 4^L$

606 $(1^* + 3^- + 1^-) + 4^L$

607 $5^{4Y} + 4^L$

608 $(1^* + 4^L) + 4^L$

609 $5^Y + 4^L$

610 $5^- + 4^L$

611 $5^x + 4^Y$

612 $5^L + 4^Y$

613 $5^{2L} + 4^Y$

614 $(1^* + 3^x + 1^-) + 4^Y$

615 $(1^* + 3^- + 1^-) + 4^Y$

616 $5^{4Y} + 4^Y$

617 $(1^* + 4^L) + 4^Y$

618 $5^Y + 4^Y$

619 $5^- + 4^Y$

620 $5^x + 4^-$

621 $5^L + 4^-$

622 $5^{2L} + 4^-$

623 $(1^* + 3^x + 1^-) + 4^-$

624 $(1^* + 3^- + 1^-) + 4^-$

625 $5^{4Y} + 4^-$

626 $(1^* + 4^L) + 4^-$

627 $5^Y + 4^-$

628 $5^- + 4^-$

629 $6^x + 1^- \cdot 3$

630 $6^L + 1^- \cdot 3$

631 $6^{2L} + 1^- \cdot 3$

632 $(1^* + 3^x + 1^- \cdot 2) + 1^- \cdot 3$

633 $(1^* + 3^- + 1^- \cdot 2) + 1^- \cdot 3$

634 $(1^* + 3^x + 2^-) + 1^- \cdot 3$

635 $(1^* + 3^- + 2^-) + 1^- \cdot 3$

636 $(1^* + 4^x + 1^-) + 1^- \cdot 3$

637 $(1^* + 4^L + 1^-) + 1^- \cdot 3$

638 $(1^* + 4^Y + 1^-) + 1^- \cdot 3$

639 $(1^* + 4^- + 1^-) + 1^- \cdot 3$

640 $6^{5Y} + 1^- \cdot 3$

641 $(1^* + 5^L) + 1^- \cdot 3$

642 $(1^* + 5^{2L}) + 1^- \cdot 3$

643 $(1^* \cdot 2 + 3^x + 1^-) + 1^- \cdot 3$

644 $(1^* \cdot 2 + 3^- + 1^-) + 1^- \cdot 3$

645 $6^{4Y} + 1^- \cdot 3$

646 $(1^* \cdot 2 + 4^L) + 1^- \cdot 3$

647 $6^Y + 1^- \cdot 3$

648 $6^- + 1^- \cdot 3$

649 $6^x + 2^- + 1^-$

650 $6^L + 2^- + 1^-$

651 $6^{2L} + 2^- + 1^-$

652 $(1^* + 3^x + 1^- \cdot 2) + 2^- + 1^-$

653 $(1^* + 3^- + 1^- \cdot 2) + 2^- + 1^-$

654 $(1^* + 3^x + 2^-) + 2^- + 1^-$

655 $(1^* + 3^- + 2^-) + 2^- + 1^-$

656 $(1^* + 4^x + 1^-) + 2^- + 1^-$

657 $(1^* + 4^L + 1^-) + 2^- + 1^-$

658 $(1^* + 4^Y + 1^-) + 2^- + 1^-$

659 $(1^* + 4^- + 1^-) + 2^- + 1^-$

660 $6^{5Y} + 2^- + 1^-$

661 $(1^* + 5^L) + 2^- + 1^-$

662 $(1^* + 5^{2L}) + 2^- + 1^-$

663 $(1^* \cdot 2 + 3^x + 1^-) + 2^- + 1^-$

664 $(1^* \cdot 2 + 3^- + 1^-) + 2^- + 1^-$

665 $6^{4Y} + 2^- + 1^-$

666 $(1^* \cdot 2 + 4^L) + 2^- + 1^-$

667 $6^Y + 2^- + 1^-$

668 $6^- + 2^- + 1^-$

669 $6^x + 3^x$

670 $6^L + 3^x$

671 $6^{2L} + 3^x$

672 $(1^* + 3^x + 1^- \cdot 2) + 3^x$

673 $(1^* + 3^- + 1^- \cdot 2) + 3^x$

674 $(1^* + 3^x + 2^-) + 3^x$

675 $(1^* + 3^- + 2^-) + 3^x$

676 $(1^* + 4^x + 1^-) + 3^x$

677 $(1^* + 4^L + 1^-) + 3^x$

678 $(1^* + 4^Y + 1^-) + 3^x$

679 $(1^* + 4^- + 1^-) + 3^x$

680 $6^{5Y} + 3^x$

681 $(1^* + 5^L) + 3^x$

682 $(1^* + 5^{2L}) + 3^x$

683 $(1^* \cdot 2 + 3^x + 1^-) + 3^x$

684 $(1^* \cdot 2 + 3^- + 1^-) + 3^x$

685 $6^{4Y} + 3^x$

686 $(1^* \cdot 2 + 4^L) + 3^x$

687 $6^Y + 3^x$

688 $6^- + 3^x$

689 $6^x + 3^-$

690 $6^L + 3^-$

691 $6^{2L} + 3^-$

692 $(1^* + 3^x + 1^- \cdot 2) + 3^-$

693 $(1^* + 3^- + 1^- \cdot 2) + 3^-$

694 $(1^* + 3^x + 2^-) + 3^-$

695 $(1^* + 3^- + 2^-) + 3^-$

696 $(1^* + 4^x + 1^-) + 3^-$

697 $(1^* + 4^L + 1^-) + 3^-$

698 $(1^* + 4^Y + 1^-) + 3^-$

699 $(1^* + 4^- + 1^-) + 3^-$

700 $6^{5Y} + 3^-$

701 $(1^* + 5^L) + 3^-$

702 $(1^* + 5^{2L}) + 3^-$

703 $(1^* \cdot 2 + 3^x + 1^-) + 3^-$

704 $(1^* \cdot 2 + 3^- + 1^-) + 3^-$

705 $6^{4Y} + 3^-$

706 $(1^* \cdot 2 + 4^L) + 3^-$

707 $6^Y + 3^-$

708 $6^- + 3^-$

709 $7^x + 1^- \cdot 2$

710 $7^L + 1^- \cdot 2$

711 $7^{2L} + 1^- \cdot 2$

712 $7^{3L} + 1^- \cdot 2$

713 $(1^* + 3^x + 1^- \cdot 3) + 1^- \cdot 2$

714 $(1^* + 3^- + 1^- \cdot 3) + 1^- \cdot 2$

715 $(1^* + 3^x + 2^- + 1^-) + 1^- \cdot 2$

716 $(1^* + 3^- + 2^- + 1^-) + 1^- \cdot 2$

717 $(1^* + 3^x \cdot 2) + 1^- \cdot 2$

718 $(1^* + 3^- + 3^x) + 1^- \cdot 2$

719 $(1^* + 3^- \cdot 2) + 1^- \cdot 2$

720 $(1^* + 4^x + 1^- \cdot 2) + 1^- \cdot 2$

721 $(1^* + 4^L + 1^- \cdot 2) + 1^- \cdot 2$

722 $(1^* + 4^Y + 1^- \cdot 2) + 1^- \cdot 2$

723 $(1^* + 4^- + 1^- \cdot 2) + 1^- \cdot 2$

724 $(1^* + 4^x + 2^-) + 1^- \cdot 2$

725 $(1^* + 4^L + 2^-) + 1^- \cdot 2$

726 $(1^* + 4^Y + 2^-) + 1^- \cdot 2$

727 $(1^* + 4^- + 2^-) + 1^- \cdot 2$

728 $(1^* + 5^x + 1^-) + 1^- \cdot 2$

729 $(1^* + 5^L + 1^-) + 1^- \cdot 2$

730 $(1^* + 5^{2L} + 1^-) + 1^- \cdot 2$

731 $(1^* + (1^* + 3^x + 1^-) + 1^-) + 1^- \cdot 2$

732 $(1^* + (1^* + 3^- + 1^-) + 1^-) + 1^- \cdot 2$

733 $(1^* + 5^{4Y} + 1^-) + 1^- \cdot 2$

734 $(1^* + (1^* + 4^L) + 1^-) + 1^- \cdot 2$

735 $(1^* + 5^Y + 1^-) + 1^- \cdot 2$

736 $(1^* + 5^- + 1^-) + 1^- \cdot 2$

737 $7^{6Y} + 1^- \cdot 2$

738 $(1^* + 6^L) + 1^- \cdot 2$

739 $(1^* + 6^{2L}) + 1^- \cdot 2$

740 $(1^* \cdot 2 + 3^x + 1^- \cdot 2) + 1^- \cdot 2$

741 $(1^* \cdot 2 + 3^- + 1^- \cdot 2) + 1^- \cdot 2$

742 $(1^* \cdot 2 + 3^x + 2^-) + 1^- \cdot 2$

743 $(1^* \cdot 2 + 3^- + 2^-) + 1^- \cdot 2$

744 $(1^* \cdot 2 + 4^x + 1^-) + 1^- \cdot 2$

745 $(1^* \cdot 2 + 4^L + 1^-) + 1^- \cdot 2$

746 $(1^* \cdot 2 + 4^Y + 1^-) + 1^- \cdot 2$

747 $(1^* \cdot 2 + 4^- + 1^-) + 1^- \cdot 2$

748 $7^{5Y} + 1^- \cdot 2$

749 $(1^* \cdot 2 + 5^L) + 1^- \cdot 2$

750 $(1^* \cdot 2 + 5^{2L}) + 1^- \cdot 2$

751 $(1^* \cdot 3 + 3^x + 1^-) + 1^- \cdot 2$

752 $(1^* \cdot 3 + 3^- + 1^-) + 1^- \cdot 2$

753 $7^{4Y} + 1^- \cdot 2$

754 $(1^* \cdot 3 + 4^L) + 1^- \cdot 2$

755 $7^Y + 1^- \cdot 2$

756 $7^- + 1^- \cdot 2$

757 $7^x + 2^-$

758 $7^L + 2^-$

759 $7^{2L} + 2^-$

760 $7^{3L} + 2^-$

761 $(1^* + 3^x + 1^- \cdot 3) + 2^-$

762 $(1^* + 3^- + 1^- \cdot 3) + 2^-$

763 $(1^* + 3^x + 2^- + 1^-) + 2^-$

764 $(1^* + 3^- + 2^- + 1^-) + 2^-$

765 $(1^* + 3^x \cdot 2) + 2^-$

766 $(1^* + 3^- + 3^x) + 2^-$

767 $(1^* + 3^- \cdot 2) + 2^-$

768 $(1^* + 4^x + 1^- \cdot 2) + 2^-$

769 $(1^* + 4^L + 1^- \cdot 2) + 2^-$

770 $(1^* + 4^Y + 1^- \cdot 2) + 2^-$

771 $(1^* + 4^- + 1^- \cdot 2) + 2^-$

772 $(1^* + 4^x + 2^-) + 2^-$

773 $(1^* + 4^L + 2^-) + 2^-$

774 $(1^* + 4^Y + 2^-) + 2^-$

775 $(1^* + 4^- + 2^-) + 2^-$

776 $(1^* + 5^x + 1^-) + 2^-$

777 $(1^* + 5^L + 1^-) + 2^-$

778 $(1^* + 5^{2L} + 1^-) + 2^-$

779 $(1^* + (1^* + 3^x + 1^-) + 1^-) + 2^-$

780 $(1^* + (1^* + 3^- + 1^-) + 1^-) + 2^-$

781 $(1^* + 5^{4Y} + 1^-) + 2^-$

782 $(1^* + (1^* + 4^L) + 1^-) + 2^-$

783 $(1^* + 5^Y + 1^-) + 2^-$

784 $(1^* + 5^- + 1^-) + 2^-$

785 $7^{6Y} + 2^-$

786 $(1^* + 6^L) + 2^-$

787 $(1^* + 6^{2L}) + 2^-$

45

788 $(1^* \cdot 2 + 3^x + 1^- \cdot 2) + 2^-$

789 $(1^* \cdot 2 + 3^- + 1^- \cdot 2) + 2^-$

790 $(1^* \cdot 2 + 3^x + 2^-) + 2^-$

791 $(1^* \cdot 2 + 3^- + 2^-) + 2^-$

792 $(1^* \cdot 2 + 4^x + 1^-) + 2^-$

793 $(1^* \cdot 2 + 4^L + 1^-) + 2^-$

794 $(1^* \cdot 2 + 4^Y + 1^-) + 2^-$

795 $(1^* \cdot 2 + 4^- + 1^-) + 2^-$

796 $7^{5Y} + 2^-$

797 $(1^* \cdot 2 + 5^L) + 2^-$

798 $(1^* \cdot 2 + 5^{2L}) + 2^-$

799 $(1^* \cdot 3 + 3^x + 1^-) + 2^-$

800 $(1^* \cdot 3 + 3^- + 1^-) + 2^-$

801 $7^{4Y} + 2^-$

802 $(1^* \cdot 3 + 4^L) + 2^-$

803 $7^Y + 2^-$

804 $7^- + 2^-$

805 $8^x + 1^-$

806 $8^L + 1^-$

807 $8^{2L} + 1^-$

808 $8^{3L} + 1^-$

809 $(1^* + 3^x + 1^- \cdot 4) + 1^-$

810 $(1^* + 3^- + 1^- \cdot 4) + 1^-$

811 $(1^* + 3^x + 2^- + 1^- \cdot 2) + 1^-$

812 $(1^* + 3^- + 2^- + 1^- \cdot 2) + 1^-$

813 $(1^* + 3^x + 2^- \cdot 2) + 1^-$

814 $(1^* + 3^- + 2^- \cdot 2) + 1^-$

815 $(1^* + 3^x \cdot 2 + 1^-) + 1^-$

816 $(1^* + 3^- + 3^x + 1^-) + 1^-$

817 $(1^* + 3^- \cdot 2 + 1^-) + 1^-$

818 $(1^* + 4^x + 1^- \cdot 3) + 1^-$

819 $(1^* + 4^L + 1^- \cdot 3) + 1^-$

820 $(1^* + 4^Y + 1^- \cdot 3) + 1^-$

821 $(1^* + 4^- + 1^- \cdot 3) + 1^-$

822 $(1^* + 4^x + 2^- + 1^-) + 1^-$

823 $(1^* + 4^L + 2^- + 1^-) + 1^-$

824 $(1^* + 4^Y + 2^- + 1^-) + 1^-$

825 $(1^* + 4^- + 2^- + 1^-) + 1^-$

826 $(1^* + 4^x + 3^x) + 1^-$

827 $(1^* + 4^L + 3^x) + 1^-$

828 $(1^* + 4^Y + 3^x) + 1^-$

829 $(1^* + 4^- + 3^x) + 1^-$

830 $(1^* + 4^x + 3^-) + 1^-$

831 $(1^* + 4^L + 3^-) + 1^-$

832 $(1^* + 4^Y + 3^-) + 1^-$

833 $(1^* + 4^- + 3^-) + 1^-$

834 $(1^* + 5^x + 1^- \cdot 2) + 1^-$

835 $(1^* + 5^L + 1^- \cdot 2) + 1^-$

836 $(1^* + 5^{2L} + 1^- \cdot 2) + 1^-$

837 $(1^* + (1^* + 3^x + 1^-) + 1^- \cdot 2) + 1^-$

838 $(1^* + (1^* + 3^- + 1^-) + 1^- \cdot 2) + 1^-$

839 $(1^* + 5^{4Y} + 1^- \cdot 2) + 1^-$

840 $(1^* + (1^* + 4^L) + 1^- \cdot 2) + 1^-$

841 $(1^* + 5^Y + 1^- \cdot 2) + 1^-$

842 $(1^* + 5^- + 1^- \cdot 2) + 1^-$

843 $(1^* + 5^x + 2^-) + 1^-$

844 $(1^* + 5^L + 2^-) + 1^-$

845 $(1^* + 5^{2L} + 2^-) + 1^-$

846 $(1^* + (1^* + 3^x + 1^-) + 2^-) + 1^-$

847 $(1^* + (1^* + 3^- + 1^-) + 2^-) + 1^-$

848 $(1^* + 5^{4Y} + 2^-) + 1^-$

849 $(1^* + (1^* + 4^L) + 2^-) + 1^-$

850 $(1^* + 5^Y + 2^-) + 1^-$

851 $(1^* + 5^- + 2^-) + 1^-$

852 $(1^* + 6^x + 1^-) + 1^-$

853 $(1^* + 6^L + 1^-) + 1^-$

854 $(1^* + 6^{2L} + 1^-) + 1^-$

855 $(1^* + (1^* + 3^x + 1^- \cdot 2) + 1^-) + 1^-$

856 $(1^* + (1^* + 3^- + 1^- \cdot 2) + 1^-) + 1^-$

857 $(1^* + (1^* + 3^x + 2^-) + 1^-) + 1^-$

858 $(1^* + (1^* + 3^- + 2^-) + 1^-) + 1^-$

859 $(1^* + (1^* + 4^x + 1^-) + 1^-) + 1^-$

860 $(1^* + (1^* + 4^L + 1^-) + 1^-) + 1^-$

861 $(1^* + (1^* + 4^Y + 1^-) + 1^-) + 1^-$

862 $(1^* + (1^* + 4^- + 1^-) + 1^-) + 1^-$

863 $(1^* + 6^{5Y} + 1^-) + 1^-$

864 $(1^* + (1^* + 5^L) + 1^-) + 1^-$

865 $(1^* + (1^* + 5^{2L}) + 1^-) + 1^-$

866 $(1^* + (1^* \cdot 2 + 3^x + 1^-) + 1^-) + 1^-$

867 $(1^* + (1^* \cdot 2 + 3^- + 1^-) + 1^-) + 1^-$

868 $(1^* + 6^{4Y} + 1^-) + 1^-$

869 $(1^* + (1^* \cdot 2 + 4^L) + 1^-) + 1^-$

870 $(1^* + 6^Y + 1^-) + 1^-$

871 $(1^* + 6^- + 1^-) + 1^-$

872 $8^{7Y} + 1^-$

873 $(1^* + 7^L) + 1^-$

874 $(1^* + 7^{2L}) + 1^-$

875 $(1^* + 7^{3L}) + 1^-$

876 $(1^* \cdot 2 + 3^x + 1^- \cdot 3) + 1^-$

877 $(1^* \cdot 2 + 3^- + 1^- \cdot 3) + 1^-$

878 $(1^* \cdot 2 + 3^x + 2^- + 1^-) + 1^-$

879 $(1^* \cdot 2 + 3^- + 2^- + 1^-) + 1^-$

880 $(1^* \cdot 2 + 3^x \cdot 2) + 1^-$

881 $(1^* \cdot 2 + 3^- + 3^x) + 1^-$

882 $(1^* \cdot 2 + 3^- \cdot 2) + 1^-$

883 $(1^* \cdot 2 + 4^x + 1^- \cdot 2) + 1^-$

884 $(1^* \cdot 2 + 4^L + 1^- \cdot 2) + 1^-$

885 $(1^* \cdot 2 + 4^Y + 1^- \cdot 2) + 1^-$

886 $(1^* \cdot 2 + 4^- + 1^- \cdot 2) + 1^-$

887 $(1^* \cdot 2 + 4^x + 2^-) + 1^-$

888 $(1^* \cdot 2 + 4^L + 2^-) + 1^-$

889 $(1^* \cdot 2 + 4^Y + 2^-) + 1^-$

890 $(1^* \cdot 2 + 4^- + 2^-) + 1^-$

891 $(1^* \cdot 2 + 5^x + 1^-) + 1^-$

892 $(1^* \cdot 2 + 5^L + 1^-) + 1^-$

893 $(1^* \cdot 2 + 5^{2L} + 1^-) + 1^-$

894 $(1^* \cdot 2 + (1^* + 3^x + 1^-) + 1^-) + 1^-$

895 $(1^* \cdot 2 + (1^* + 3^- + 1^-) + 1^-) + 1^-$

896 $(1^* \cdot 2 + 5^{4Y} + 1^-) + 1^-$

897 $(1^* \cdot 2 + (1^* + 4^L) + 1^-) + 1^-$

898 $(1^* \cdot 2 + 5^Y + 1^-) + 1^-$

899 $(1^* \cdot 2 + 5^- + 1^-) + 1^-$

900 $8^{6Y} + 1^-$

901 $(1^* \cdot 2 + 6^L) + 1^-$

902 $(1^* \cdot 2 + 6^{2L}) + 1^-$

903 $(1^* \cdot 3 + 3^x + 1^- \cdot 2) + 1^-$

904 $(1^* \cdot 3 + 3^- + 1^- \cdot 2) + 1^-$

905 $(1^* \cdot 3 + 3^x + 2^-) + 1^-$

906 $(1^* \cdot 3 + 3^- + 2^-) + 1^-$

907 $(1^* \cdot 3 + 4^x + 1^-) + 1^-$

908 $(1^* \cdot 3 + 4^L + 1^-) + 1^-$

909 $(1^* \cdot 3 + 4^Y + 1^-) + 1^-$

910 $(1^* \cdot 3 + 4^- + 1^-) + 1^-$

911 $8^{5Y} + 1^-$

912 $(1^* \cdot 3 + 5^L) + 1^-$

913 $(1^* \cdot 3 + 5^{2L}) + 1^-$

914 $(1^* \cdot 4 + 3^x + 1^-) + 1^-$

915 $(1^* \cdot 4 + 3^- + 1^-) + 1^-$

916 $8^{4Y} + 1^-$

917 $(1^* \cdot 4 + 4^L) + 1^-$

918 $8^Y + 1^-$

919 $8^- + 1^-$

920 9^x The 7th pure intersection

921 9^L

922 9^{2L}

923 9^{3L}

924 9^{4L}

925 $(1^* + 3^x + 1^- \cdot 5)$

926 $(1^* + 3^- + 1^- \cdot 5)$

927 $(1^* + 3^x + 2^- + 1^- \cdot 3)$

928 $(1^* + 3^- + 2^- + 1^- \cdot 3)$

929 $(1^* + 3^x + 2^- \cdot 2 + 1^-)$

930 $(1^* + 3^- + 2^- \cdot 2 + 1^-)$

931 $(1^* + 3^x \cdot 2 + 1^- \cdot 2)$

932 $(1^* + 3^- + 3^x + 1^- \cdot 2)$

933 $(1^* + 3^- \cdot 2 + 1^- \cdot 2)$

934 $(1^* + 3^x \cdot 2 + 2^-)$

935 $(1^* + 3^- + 3^x + 2^-)$

936 $(1^* + 3^- \cdot 2 + 2^-)$

937 $(1^* + 4^x + 1^- \cdot 4)$

938 $(1^* + 4^L + 1^- \cdot 4)$

939 $(1^* + 4^Y + 1^- \cdot 4)$

940 $(1^* + 4^- + 1^- \cdot 4)$

941 $(1^* + 4^x + 2^- + 1^- \cdot 2)$

942 $(1^* + 4^L + 2^- + 1^- \cdot 2)$

943 $(1^* + 4^Y + 2^- + 1^- \cdot 2)$

944 $(1^* + 4^- + 2^- + 1^- \cdot 2)$

945 $(1^* + 4^x + 2^- \cdot 2)$

946 $(1^* + 4^L + 2^- \cdot 2)$

947 $(1^* + 4^Y + 2^- \cdot 2)$

948 $(1^* + 4^- + 2^- \cdot 2)$

949 $(1^* + 4^x + 3^x + 1^-)$

950 $(1^* + 4^L + 3^x + 1^-)$

951 $(1^* + 4^Y + 3^x + 1^-)$

952 $(1^* + 4^- + 3^x + 1^-)$

953 $(1^* + 4^x + 3^- + 1^-)$

954 $(1^* + 4^L + 3^- + 1^-)$

955 $(1^* + 4^Y + 3^- + 1^-)$

956 $(1^* + 4^- + 3^- + 1^-)$

957 $(1^* + 4^x \cdot 2)$

958 $(1^* + 4^L + 4^x)$

959 $(1^* + 4^Y + 4^x)$

960 $(1^* + 4^- + 4^x)$

961 $(1^* + 4^L \cdot 2)$

962 $(1^* + 4^Y + 4^L)$

963 $(1^* + 4^- + 4^L)$

964 $(1^* + 4^Y \cdot 2)$

965 $(1^* + 4^- + 4^Y)$

966 $(1^* + 4^- \cdot 2)$

967 $(1^* + 5^x + 1^- \cdot 3)$

968 $(1^* + 5^L + 1^- \cdot 3)$

969 $(1^* + 5^{2L} + 1^- \cdot 3)$

970 $(1^* + (1^* + 3^x + 1^-) + 1^- \cdot 3)$

971 $(1^* + (1^* + 3^- + 1^-) + 1^- \cdot 3)$

972 $(1^* + 5^{4Y} + 1^- \cdot 3)$

973 $(1^* + (1^* + 4^L) + 1^- \cdot 3)$

974 $(1^* + 5^Y + 1^- \cdot 3)$

975 $(1^* + 5^- + 1^- \cdot 3)$

976 $(1^* + 5^x + 2^- + 1^-)$

977 $(1^* + 5^L + 2^- + 1^-)$

978 $(1^* + 5^{2L} + 2^- + 1^-)$

979 $(1^* + (1^* + 3^x + 1^-) + 2^- + 1^-)$

980 $(1^* + (1^* + 3^- + 1^-) + 2^- + 1^-)$

981 $(1^* + 5^{4Y} + 2^- + 1^-)$

982 $(1^* + (1^* + 4^L) + 2^- + 1^-)$

983 $(1^* + 5^Y + 2^- + 1^-)$

984 $(1^* + 5^- + 2^- + 1^-)$

985 $(1^* + 5^x + 3^x)$

986 $(1^* + 5^L + 3^x)$

987 $(1^* + 5^{2L} + 3^x)$

988 $(1^* + (1^* + 3^x + 1^-) + 3^x)$

989 $(1^* + (1^* + 3^- + 1^-) + 3^x)$

990 $(1^* + 5^{4Y} + 3^x)$

991 $(1^* + (1^* + 4^L) + 3^x)$

992 $(1^* + 5^Y + 3^x)$

993 $(1^* + 5^- + 3^x)$

994 $(1^* + 5^x + 3^-)$

995 $(1^* + 5^L + 3^-)$

996 $(1^* + 5^{2L} + 3^-)$

997 $(1^* + (1^* + 3^x + 1^-) + 3^-)$

998 $(1^* + (1^* + 3^- + 1^-) + 3^-)$

999 $(1^* + 5^{4Y} + 3^-)$

1000 $(1^* + (1^* + 4^L) + 3^-)$

1001 $(1^* + 5^Y + 3^-)$

1002 $(1^* + 5^- + 3^-)$

1003 $(1^* + 6^x + 1^- \cdot 2)$

1004 $(1^* + 6^L + 1^- \cdot 2)$

1005 $(1^* + 6^{2L} + 1^- \cdot 2)$

1006 $(1^* + (1^* + 3^x + 1^- \cdot 2) + 1^- \cdot 2)$

1007 $(1^* + (1^* + 3^- + 1^- \cdot 2) + 1^- \cdot 2)$

1008 $(1^* + (1^* + 3^x + 2^-) + 1^- \cdot 2)$

1009 $(1^* + (1^* + 3^- + 2^-) + 1^- \cdot 2)$

1010 $(1^* + (1^* + 4^x + 1^-) + 1^- \cdot 2)$

1011 $(1^* + (1^* + 4^L + 1^-) + 1^- \cdot 2)$

1012 $(1^* + (1^* + 4^Y + 1^-) + 1^- \cdot 2)$

1013 $(1^* + (1^* + 4^- + 1^-) + 1^- \cdot 2)$

1014 $(1^* + 6^{5Y} + 1^- \cdot 2)$

1015 $(1^* + (1^* + 5^L) + 1^- \cdot 2)$

1016 $(1^* + (1^* + 5^{2L}) + 1^- \cdot 2)$

1017 $(1^* + (1^* \cdot 2 + 3^x + 1^-) + 1^- \cdot 2)$

1018 $(1^* + (1^* \cdot 2 + 3^- + 1^-) + 1^- \cdot 2)$

1019 $(1^* + 6^{4Y} + 1^- \cdot 2)$

1020 $(1^* + (1^* \cdot 2 + 4^L) + 1^- \cdot 2)$

1021 $(1^* + 6^Y + 1^- \cdot 2)$

1022 $(1^* + 6^- + 1^- \cdot 2)$

1023 $(1^* + 6^x + 2^-)$

1024 $(1^* + 6^L + 2^-)$

1025 $(1^* + 6^{2L} + 2^-)$

1026 $(1^* + (1^* + 3^x + 1^- \cdot 2) + 2^-)$

1027 $(1^* + (1^* + 3^- + 1^- \cdot 2) + 2^-)$

1028 $(1^* + (1^* + 3^x + 2^-) + 2^-)$

1029 $(1^* + (1^* + 3^- + 2^-) + 2^-)$

1030 $(1^* + (1^* + 4^x + 1^-) + 2^-)$

1031 $(1^* + (1^* + 4^L + 1^-) + 2^-)$

1032 $(1^* + (1^* + 4^Y + 1^-) + 2^-)$

1033 $(1^* + (1^* + 4^- + 1^-) + 2^-)$

1034 $(1^* + 6^{5Y} + 2^-)$

1035 $(1^* + (1^* + 5^L) + 2^-)$

1036 $(1^* + (1^* + 5^{2L}) + 2^-)$

1037 $(1^* + (1^* \cdot 2 + 3^x + 1^-) + 2^-)$

1038 $(1^* + (1^* \cdot 2 + 3^- + 1^-) + 2^-)$

1039 $(1^* + 6^{4Y} + 2^-)$

1040 $(1^* + (1^* \cdot 2 + 4^L) + 2^-)$

1041 $(1^* + 6^Y + 2^-)$

1042 $(1^* + 6^- + 2^-)$

1043 $(1^* + 7^x + 1^-)$

1044 $(1^* + 7^L + 1^-)$

1045 $(1^* + 7^{2L} + 1^-)$

1046 $(1^* + 7^{3L} + 1^-)$

1047 $(1^* + (1^* + 3^x + 1^- \cdot 3) + 1^-)$

1048 $(1^* + (1^* + 3^- + 1^- \cdot 3) + 1^-)$

1049 $(1^* + (1^* + 3^x + 2^- + 1^-) + 1^-)$

1050 $(1^* + (1^* + 3^- + 2^- + 1^-) + 1^-)$

1051 $(1^* + (1^* + 3^x \cdot 2) + 1^-)$

1052 $(1^* + (1^* + 3^- + 3^x) + 1^-)$

1053 $(1^* + (1^* + 3^- \cdot 2) + 1^-)$

1054 $(1^* + (1^* + 4^x + 1^- \cdot 2) + 1^-)$

1055 $(1^* + (1^* + 4^L + 1^- \cdot 2) + 1^-)$

1056 $(1^* + (1^* + 4^Y + 1^- \cdot 2) + 1^-)$

1057 $(1^* + (1^* + 4^- + 1^- \cdot 2) + 1^-)$

1058 $(1^* + (1^* + 4^x + 2^-) + 1^-)$

1059 $(1^* + (1^* + 4^L + 2^-) + 1^-)$

1060 $(1^* + (1^* + 4^Y + 2^-) + 1^-)$

1061 $(1^* + (1^* + 4^- + 2^-) + 1^-)$

1062 $(1^* + (1^* + 5^x + 1^-) + 1^-)$

1063 $(1^* + (1^* + 5^L + 1^-) + 1^-)$

1064 $(1^* + (1^* + 5^{2L} + 1^-) + 1^-)$

1065 $(1^* + (1^* + (1^* + 3^x + 1^-) + 1^-) + 1^-)$

1066 $(1^* + (1^* + (1^* + 3^- + 1^-) + 1^-) + 1^-)$

1067 $(1^* + (1^* + 5^{4Y} + 1^-) + 1^-)$

1068 $(1^* + (1^* + (1^* + 4^L) + 1^-) + 1^-)$

1069 $(1^* + (1^* + 5^Y + 1^-) + 1^-)$

1070 $(1^* + (1^* + 5^- + 1^-) + 1^-)$

1071 $(1^* + 7^{6Y} + 1^-)$

1072 $(1^* + (1^* + 6^L) + 1^-)$

1073 $(1^* + (1^* + 6^{2L}) + 1^-)$

1074 $(1^* + (1^* \cdot 2 + 3^x + 1^- \cdot 2) + 1^-)$

1075 $(1^* + (1^* \cdot 2 + 3^- + 1^- \cdot 2) + 1^-)$

1076 $(1^* + (1^* \cdot 2 + 3^x + 2^-) + 1^-)$

1077 $(1^* + (1^* \cdot 2 + 3^- + 2^-) + 1^-)$

1078 $(1^* + (1^* \cdot 2 + 4^x + 1^-) + 1^-)$

1079 $(1^* + (1^* \cdot 2 + 4^L + 1^-) + 1^-)$

1080 $(1^* + (1^* \cdot 2 + 4^Y + 1^-) + 1^-)$

1081 $(1^* + (1^* \cdot 2 + 4^- + 1^-) + 1^-)$

1082 $(1^* + 7^{5Y} + 1^-)$

1083 $(1^* + (1^* \cdot 2 + 5^L) + 1^-)$

1084 $(1^* + (1^* \cdot 2 + 5^{2L}) + 1^-)$

1085 $(1^* + (1^* \cdot 3 + 3^x + 1^-) + 1^-)$

1086 $(1^* + (1^* \cdot 3 + 3^- + 1^-) + 1^-)$

1087 $(1^* + 7^{4Y} + 1^-)$

1088 $(1^* + (1^* \cdot 3 + 4^L) + 1^-)$

1089 $(1^* + 7^Y + 1^-)$

1090 $(1^* + 7^- + 1^-)$

1091 9^{8Y}

1092 $(1^* + 8^L)$

1093 $(1^* + 8^{2L})$

1094 $(1^* + 8^{3L})$

1095 $(1^* \cdot 2 + 3^x + 1^- \cdot 4)$

1096 $(1^* \cdot 2 + 3^- + 1^- \cdot 4)$

1097 $(1^* \cdot 2 + 3^x + 2^- + 1^- \cdot 2)$

1098 $(1^* \cdot 2 + 3^- + 2^- + 1^- \cdot 2)$

1099 $(1^* \cdot 2 + 3^x + 2^- \cdot 2)$

1100 $(1^* \cdot 2 + 3^- + 2^- \cdot 2)$

1101 $(1^* \cdot 2 + 3^x \cdot 2 + 1^-)$

1102 $(1^* \cdot 2 + 3^- + 3^x + 1^-)$

1103 $(1^* \cdot 2 + 3^- \cdot 2 + 1^-)$

1104 $(1^* \cdot 2 + 4^x + 1^- \cdot 3)$

1105 $(1^* \cdot 2 + 4^L + 1^- \cdot 3)$

1106 $(1^* \cdot 2 + 4^Y + 1^- \cdot 3)$

1107 $(1^* \cdot 2 + 4^- + 1^- \cdot 3)$

1108 $(1^* \cdot 2 + 4^x + 2^- + 1^-)$

1109 $(1^* \cdot 2 + 4^L + 2^- + 1^-)$

1110 $(1^* \cdot 2 + 4^Y + 2^- + 1^-)$

1111 $(1^* \cdot 2 + 4^- + 2^- + 1^-)$

1112 $(1^* \cdot 2 + 4^x + 3^x)$

1113 $(1^* \cdot 2 + 4^L + 3^x)$

1114 $(1^* \cdot 2 + 4^Y + 3^x)$

1115 $(1^* \cdot 2 + 4^- + 3^x)$

1116 $(1^* \cdot 2 + 4^x + 3^-)$

1117 $(1^* \cdot 2 + 4^L + 3^-)$

1118 $(1^* \cdot 2 + 4^Y + 3^-)$

1119 $(1^* \cdot 2 + 4^- + 3^-)$

1120 $(1^* \cdot 2 + 5^x + 1^- \cdot 2)$

1121 $(1^* \cdot 2 + 5^L + 1^- \cdot 2)$

1122 $(1^* \cdot 2 + 5^{2L} + 1^- \cdot 2)$

1123 $(1^* \cdot 2 + (1^* + 3^x + 1^-) + 1^- \cdot 2)$

1124 $(1^* \cdot 2 + (1^* + 3^- + 1^-) + 1^- \cdot 2)$

1125 $(1^* \cdot 2 + 5^{4Y} + 1^- \cdot 2)$

1126 $(1^* \cdot 2 + (1^* + 4^L) + 1^- \cdot 2)$

1127 $(1^* \cdot 2 + 5^Y + 1^- \cdot 2)$

1128 $(1^* \cdot 2 + 5^- + 1^- \cdot 2)$

1129 $(1^* \cdot 2 + 5^x + 2^-)$

1130 $(1^* \cdot 2 + 5^L + 2^-)$

1131 $(1^* \cdot 2 + 5^{2L} + 2^-)$

1132 $(1^* \cdot 2 + (1^* + 3^x + 1^-) + 2^-)$

1133 $(1^* \cdot 2 + (1^* + 3^- + 1^-) + 2^-)$

1134 $(1^* \cdot 2 + 5^{4Y} + 2^-)$

1135 $(1^* \cdot 2 + (1^* + 4^L) + 2^-)$

1136 $(1^* \cdot 2 + 5^Y + 2^-)$

1137 $(1^* \cdot 2 + 5^- + 2^-)$

1138 $(1^* \cdot 2 + 6^x + 1^-)$

1139 $(1^* \cdot 2 + 6^L + 1^-)$

1140 $(1^* \cdot 2 + 6^{2L} + 1^-)$

1141 $(1^* \cdot 2 + (1^* + 3^x + 1^- \cdot 2) + 1^-)$

1142 $(1^* \cdot 2 + (1^* + 3^- + 1^- \cdot 2) + 1^-)$

1143 $(1^* \cdot 2 + (1^* + 3^x + 2^-) + 1^-)$

1144 $(1^* \cdot 2 + (1^* + 3^- + 2^-) + 1^-)$

1145 $(1^* \cdot 2 + (1^* + 4^x + 1^-) + 1^-)$

1146 $(1^* \cdot 2 + (1^* + 4^L + 1^-) + 1^-)$

1147 $(1^* \cdot 2 + (1^* + 4^Y + 1^-) + 1^-)$

1148 $(1^* \cdot 2 + (1^* + 4^- + 1^-) + 1^-)$

1149 $(1^* \cdot 2 + 6^{5Y} + 1^-)$

1150 $(1^* \cdot 2 + (1^* + 5^L) + 1^-)$

1151 $(1^* \cdot 2 + (1^* + 5^{2L}) + 1^-)$

1152 $(1^* \cdot 2 + (1^* \cdot 2 + 3^x + 1^-) + 1^-)$

1153 $(1^* \cdot 2 + (1^* \cdot 2 + 3^- + 1^-) + 1^-)$

1154 $(1^* \cdot 2 + 6^{4Y} + 1^-)$

1155 $(1^* \cdot 2 + (1^* \cdot 2 + 4^L) + 1^-)$

1156 $(1^* \cdot 2 + 6^Y + 1^-)$

1157 $(1^* \cdot 2 + 6^- + 1^-)$

1158 9^{7Y}

1159 $(1^* \cdot 2 + 7^L)$

1160 $(1^* \cdot 2 + 7^{2L})$

1161 $(1^* \cdot 2 + 7^{3L})$

1162 $(1^* \cdot 3 + 3^x + 1^- \cdot 3)$

1163 $(1^* \cdot 3 + 3^- + 1^- \cdot 3)$

1164 $(1^* \cdot 3 + 3^x + 2^- + 1^-)$

1165 $(1^* \cdot 3 + 3^- + 2^- + 1^-)$

1166 $(1^* \cdot 3 + 3^x \cdot 2)$

1167 $(1^* \cdot 3 + 3^- + 3^x)$

1168 $(1^* \cdot 3 + 3^- \cdot 2)$

1169 $(1^* \cdot 3 + 4^x + 1^- \cdot 2)$

1170 $(1^* \cdot 3 + 4^L + 1^- \cdot 2)$

1171 $(1^* \cdot 3 + 4^Y + 1^- \cdot 2)$

1172 $(1^* \cdot 3 + 4^- + 1^- \cdot 2)$

1173 $(1^* \cdot 3 + 4^x + 2^-)$

1174 $(1^* \cdot 3 + 4^L + 2^-)$

1175 $(1^* \cdot 3 + 4^Y + 2^-)$

1176 $(1^* \cdot 3 + 4^- + 2^-)$

1177 $(1^* \cdot 3 + 5^x + 1^-)$

1178 $(1^* \cdot 3 + 5^L + 1^-)$

1179 $(1^* \cdot 3 + 5^{2L} + 1^-)$

1180 $(1^* \cdot 3 + (1^* + 3^x + 1^-) + 1^-)$

1181 $(1^* \cdot 3 + (1^* + 3^- + 1^-) + 1^-)$

1182 $(1^* \cdot 3 + 5^{4Y} + 1^-)$

1183 $(1^* \cdot 3 + (1^* + 4^L) + 1^-)$

1184 $(1^* \cdot 3 + 5^Y + 1^-)$

1185 $(1^* \cdot 3 + 5^- + 1^-)$

1186 9^{6Y}

1187 $(1^* \cdot 3 + 6^L)$

1188 $(1^* \cdot 3 + 6^{2L})$

1189 $(1^* \cdot 4 + 3^x + 1^- \cdot 2)$

1190 $(1^* \cdot 4 + 3^- + 1^- \cdot 2)$

1191 $(1^* \cdot 4 + 3^x + 2^-)$

1192 $(1^* \cdot 4 + 3^- + 2^-)$

1193 $(1^* \cdot 4 + 4^x + 1^-)$

1194 $(1^* \cdot 4 + 4^L + 1^-)$

1195 $(1^* \cdot 4 + 4^Y + 1^-)$

1196 $(1^* \cdot 4 + 4^- + 1^-)$

1197 9^{5Y}

1198 $(1^* \cdot 4 + 5^L)$

1199 $(1^* \cdot 4 + 5^{2L})$

1200 $(1^* \cdot 5 + 3^x + 1^-)$

1201 $(1^* \cdot 5 + 3^- + 1^-)$

1202 9^{4Y}

1203 $(1^* \cdot 5 + 4^L)$

1204 9^Y

1205 9^- $R_{10} = 1205$, The 9th pure path